Dennis Kiehne

Ernährungsphysiologische Perspektiven einer gluten-freien Ernährung unter dem Aspekt der Zöliakie

GRIN Verlag

Bibliografische Information der Deutschen Nationalbibliothek:

Die Deutsche Bibliothek verzeichnet diese Publikation in der Deutschen National-
bibliografie; detaillierte bibliografische Daten sind im Internet über http://dnb.d-
nb.de/ abrufbar.

Impressum:

Copyright © 2011 GRIN Verlag GmbH
Druck und Bindung: Books on Demand GmbH, Norderstedt Germany
ISBN: 978-3-656-00855-2

Dieses Buch bei GRIN:

http://www.grin.com/de/e-book/178702/ernaehrungsphysiologische-perspektiven-
einer-glutenfreien-ernaehrung-unter

GRIN - Your knowledge has value

Der GRIN Verlag publiziert seit 1998 wissenschaftliche Arbeiten von Studenten, Hochschullehrern und anderen Akademikern als eBook und gedrucktes Buch. Die Verlagswebsite www.grin.com ist die ideale Plattform zur Veröffentlichung von Hausarbeiten, Abschlussarbeiten, wissenschaftlichen Aufsätzen, Dissertationen und Fachbüchern.

Besuchen Sie uns im Internet:

http://www.grin.com/

http://www.facebook.com/grincom

http://www.twitter.com/grin_com

HOCHSCHULE OSTWESTFALEN - LIPPE

FACHBEREICH LIFE SCIENCE TECHNOLOGIES

Back- und Süßwarentechnologie

Ernährungsphysiologische Perspektiven einer glutenfreien Ernährung unter dem Aspekt der Zöliakie

am 24.06.2011
vorgelegt von

Dennis Kiehne

Wahlmodul: Projekt LST

Inhaltsverzeichnis

Einleitung...2

1. Allgemeines..2

    1.1 Definition...2
    1.2 Die Geschichte der Zöliakie... 3
    1.3 Die Zahl der Betroffenen..5
    1.4 Die Abwehrreaktion des Körpers..8

2. Zur Krankheit selbst...9

    2.1 Die Ursachen...9
    2.2 Die Diagnostik.. 10
    2.3 Der Krankheitsverlauf und mögliche Folgeerkrankungen............... ...12

3. Die Therapie...14

    3.1 Essen nach dem Ausschlussprinzip..14
    3.2 Die Kontroverse um den Hafer...15
    3.3 Neue Therapieansätze..16

4. Die nahrhaften Alternativen...16

    4.1 Die glutenfreien Getreidearten...17
        4.1.1 Mais..17
        4.1.2 Reis...19
        4.1.3 Hirse...20
        4.1.4 Teff...22
    4.2 Die Pseudocerealien..23
        4.2.1 Buchweizen..23
        4.2.2 Amaranth..24
        4.2.3 Quinoa..25
    4.3 Bananenmehl..26
    4.4 Produkte...27

5. Zusammenfassung...31

6. Literaturverzeichnis..32

„Ich kann das nicht essen, ich hab Zöliakie." „Zöli…- was???" So dürften die meisten Leute reagieren, denn für einen Großteil ist der Begriff bzw. die Krankheit gänzlich unbekannt. Viele Menschen leiden jedoch darunter, ohne zu wissen, dass sie selbst unter diesem Krankheitsbild leiden. Da die Symptome einer Magen-Darm-Verstimmung ähneln, sind Betroffene oft lange Zeit in dem Glauben mal wieder etwas Falsches gegessen zu haben. Lässt man sich allerdings von dieser Fehldiagnose leiten, können Folgeerkrankungen entstehen, die in ihren Auswirkungen oftmals noch Schlimmeres nach sich ziehen.

Im Rahmen dieser Ausarbeitung werden die Krankheit, die Ursachen und die Symptomatik genauer betrachtet, zudem stellt diese Abhandlung den Versuch dar, das Krankheitsbild sowie die möglichen Folgeerkrankungen näher zu erläutern. Zum Abschluss werden nahrhafte Alternativen aufgezeigt, die aus ernährungsphysiologischer Perspektive das Zusammenleben mit der Zöliakie signifikant erleichtern. Dabei wird der Fokus vor allem auf die Botanik, die Herkunft und ihre stoffliche Zusammensetzung gelegt. Im Anschluss werden die daraus resultierenden Produkte kurz vorgestellt.

1. Allgemeines

1.1 Definition:

Der Begriff Zöliakie beschreibt eine Nahrungsmittelunverträglichkeit, genauer gesagt, eine lebenslang bestehende Autoimmunerkrankung, die durch häufig im Endosperm von Getreidekörnern vorkommende alkohollösliche Proteinfraktionen ausgelöst wird. Jene Prolamine bilden eine Gruppe der sogenannten Reserve- bzw. Speicherproteine, die nur in Pflanzen vorkommen. Zu ihnen gehören im Einzelnen z. B. Gliadin, das im Weizen enthalten ist, sowie Hordein (Gerste), Secalin (Roggen), Avenin (Hafer), Zein (Mais), Oryzin (Reis) und Kafirin (Hirse). Gemeinsam mit den Glutelinen, die ebenfalls in den Getreidekörnern vorkommen, bilden Prolamine das wertvolle und komplex gestaltete Kleberprotein Gluten, welches beim Backprozess eine entscheidende Rolle spielt. Einige der oben aufgeführten Prolamine, insbesondere Gliadin, und weitere ähnlich beschaffene Proteine bewirken bei einer

Vielzahl von Menschen pathologische Veränderungen im Darmtrakt. Bereits der Verzehr kleiner Mengen jener krankmachenden Substanzen in entsprechenden Nahrungsmitteln, wie z.B. Couscous, Roggen, Gerste, Weizen, Hartweizen, Hafer oder deren Kreuzungen und Abstammungen (Grünkern, Dinkel, Emmer, Kamut, Einkorn, Bulgur, Triticale, Urkorn) führt bei Betroffenen zu einer starken Beeinträchtigung der Dünndarmfunktion mit weitreichenden gesundheitlichen – mitunter lebensbedrohlichen – Folgen.

1.2 Geschichte der Zöliakie:

Bereits im 2. Jhdt. v.Chr. beschreibt ein griechischer Arzt namens Arataeus aus Kappadozien eine „Krankheit des Bauches"[1], die mit unserem heutigen Verständnis der Zöliakie in Einklang zu bringen ist. Arataeus beschreibt ein Krankheitsbild, das sich in erster Linie durch eine chronische Diarrhö kennzeichnet. Darüber hinaus verfallen seine Patienten in einen „abgemagerten und atrophischen körperlichen Zustand"[2]. Der Arzt Vincent Ketelear verwendet im Jahr 1669 als Erster das flämische Wort „sprouw" (Bläschen), von dem sich die spätere Bezeichnung „Sprue" ableitet. Er wählt diesen Ausdruck für das Auftreten von „prall gespannten Bläschen oder [juckenden] Blasen […] an den Streckseiten der Extremitäten […] sowie im Schulterbereich und am Gesäß […]"[3] bei einigen seiner erwachsenen Patienten. Ihr Leiden ist darüber hinaus mit einer aphthösen Stomatitis verbunden, in deren Verlauf eine solche Unmenge an Exkrementen produziert wird „that several basins or pots scarcely hold these accumulations"[4]. Heute wird davon ausgegangen, dass etwa 5% der Zöliakie-Patienten diese Hautkrankheit namens Morbus Duhring aufweisen.[5] 1880 erläutert der schottische Parasitologe und Wegbereiter der modernen Tropenmedizin, Sir Patrick Manson, die sogenannte Tropische Sprue, eine in heißen Klimazonen auftretende Erkrankung unbekannter Genese, an der sowohl Bewohner dieser Gebiete als auch Besucher erkranken. Gleichwohl die Symptomatik der Tropischen Sprue der der Einheimischen Sprue ähnelt[6], vermuten Mediziner heute bei dem tropischen Krankheitsbild die Ursache in einem chronisch mit

---

[1] Die Bezeichnung wird abgeleitet vom griechischen Wort „koiliakos" (den Bauch betreffend).
[2] Oberhammer, Verena: Der Nachweis von Endomysium- und Transglutaminase-Antikörpern in der Diagnostik der Zöliakie; Dissertation, Tübingen 2005. S. 5.
[3] Dieterich, Walburga/Schuppan, Detlef: Zöliakie; In: Gastroenterologie up2date, 6/2010, o. Jg., S. 99.
[4] Hanson, Frederic M.: The low blood sugar curve of Sprue;
http://www.ncbi.nlm.nih.gov/pmc/articles/PMC2242126/pdf/tacca00018-0141.pdf, S. 77, letzter Zugriff: 14.06.2011.
[5] Vgl. Dieterich, Walburga/Schuppan, Detlef; S. 100.
[6] z.B. Durchfall, Blähungen, Übelkeit, Erbrechen.

enteropathogenen[7] Keimen kontaminierten Dünndarm, dessen Nicht-Behandlung mit einer weiteren Verschlechterung des Gesundheitszustandes einhergeht.[8] Acht Jahre später macht schließlich der namhafte „Erstbeschreiber" der Zöliakie, Samuel Gee, mit seinem bedeutungsvollen Artikel „On the celiac affection" in London auf sich aufmerksam. Der britische Arzt vom St. Bartholomew´s Hospital erläutert darin detailliert eine Verdauungsstörung bei Kindern. Irrtümlich vermutet er als Ursache jedoch eine Erkrankung des Dick- statt des Dünndarms. Diese kennzeichnet er allerdings treffend als Folge einer Unverträglichkeit gegenüber Getreide, so dass eine erfolgreiche Behandlung laut seiner Untersuchung über die Nahrungsaufnahme erfolgen muss. Anfang des 20. Jahrhunderts sind es insbesondere Christian A. Herter, ein amerikanischer Pathologe, und der deutsche Internist und Kinderarzt Otto Heubner, die sich intensiv mit der Weitererforschung auseinandersetzen und den Ruf als ausgewiesene Experten dieser Erkrankung erwerben. So bleibt vielen Menschen die Zöliakie als „Heubner-Herter-Krankheit" bis heute ein einschlägiger Begriff. Trotz der zahlreichen gewonnen Erkenntnisse, wie z.B. die Linderung der Beschwerden durch eine entsprechende Diät[9], dauert es jedoch weitere vierzig Jahre bis die Wissenschaft den Auslöser dieser lebensbedrohlichen Erkrankung endgültig entschlüsseln kann. Im Jahr 1950 gelingt in den Niederlanden schließlich der langersehnte Durchbruch. Die Fachgenossen Willem-Karel Dicke, H.A. Weijers sowie J.J. van de Kamer identifizieren das Weizenprotein Gliadin als einen Verursacher des Krankheitsbildes. Von diesem Zeitpunkt an schreitet auch die medizinische Diagnostik voran. Konnte die Zöliakie bislang lediglich anhand einiger Symptome sowie durch eine erfolgreiche diätetische Therapie diagnostiziert werden, gelingt es nun erstmals durch Endoskopien entsprechendes Gewebematerial aus dem Dünndarm zu entnehmen und daran die entstandenen Schädigungen zu bestimmen. Im Jahr 1958 gelingt E. Berger aus Basel schließlich zum ersten Mal der Nachweis von Gliadin-Antikörpern im Blut. 1969 einigen sich Wissenschaftler anhand der in den Jahren zuvor gewonnenen Erkenntnisse erstmals auf allgemein verbindliche Kriterien zur Bestimmung und Behandlung von Zöliakie. Der britische Pathologe Michael N. Marsh trägt entscheidend zur Festlegung dieser Kennzeichen bei. Er hat die Übergänge der bei Zöliakie auftretenden Schleimhautveränderungen in verschiedene Schweregrade eingeteilt (Typ 0 bis Typ 3c)[10]. So gelten bis heute der Befund des Schleimhautbildes unter einer glutenhaltigen Ernährung, die

---

[7] Den Magendarmtrakt schädigenden.

[8] Die Behandlung erfolgt u.a. mit einer Antibiose und der Substitution von Folsäure und Cobalamin.

[9] Zu nennen sind an dieser Stelle u.a. die im Jahre 1909 entwickelte Diät mit Frauenmilch von Heubner, die 1923 von dem Amerikaner Sidney Haas konzipierte Bananendiät („Haasche Bananendiät") sowie die „Frucht-Gemüse-Diät" des Italieners Fanconi aus dem Jahre 1928.

Verbesserung des Befundes unter einer glutenfreien Kost sowie der Antikörper-Nachweis als die ausschlaggebenden Prüfsteine zur sicheren Diagnostik von Zöliakie. Walburga Dieterich und Detlef Schuppan liefern 1997 mit dem Nachweis der Anti-Transglutaminase-Antikörper schließlich den Beweis, dass Zöliakie eine Autoimmunerkrankung ist. Darüber hinaus ist dieser Entdeckung die Entwicklung eines neuartigen Antikörpertestverfahren zu verdanken. Von der früher häufig vorgenommenen sprachlichen Unterscheidung zwischen Zöliakie, als Kennzeichnung für den Ausbruch der Krankheit im Kindesalter, und Sprue, als Bezeichnung für den Krankheitserwerb bei Erwachsenen, wird heute weitestgehend abgesehen, da es sich im medizinischen Sinne um ein und dasselbe Leiden handelt.

1.3 Die Zahl der Betroffenen:

Lange Zeit gilt Zöliakie als eine selten anzutreffende Kleinkinderkrankung[11], die mit der Einführung glutenhaltiger Kost wie Grießbrei, Vollkornbrei oder Haferflocken in Verbindung zu bringen ist. So wird immer wieder davon gesprochen, dass nach ca. drei bis sechs Monaten nach einer Umstellung von Muttermilch oder adaptierter Säuglingsmilch auf Beikost charakteristische Symptome für Zöliakie bei Kleinkindern auftreten können[12]. Bereits aus den oben erwähnten Aufzeichnungen Samuel Gees ist zu entnehmen, dass die Krankheit „ […] bei Personen aller Altersgruppen gefunden wird, aber besonders dazu neigt, Kinder […] zu befallen"[13]. Eine Diagnose kann heutzutage frühestens im sechsten Lebensmonat erfolgen[14]. Nach gegenwärtigen Auffassungen sind Zöliakie-Patienten im Allgemeinen Erwachsene[15], was sich allerdings – wie noch zu zeigen sein wird – zum größten Teil auf eine verzögerte Diagnose zurückführen lässt. Viele Studien verweisen mittlerweile auf eine Häufung der Erkrankung in bestimmten Lebensabschnitten. So finden sich Aussagen über einen vermehrten Ausbruch zwischen dem ersten und achten, 30. und 40. und mit 60 Jahren.[16] Gleichwohl die Angaben hinsichtlich der gefährdeten Altersspannen in der Sekundärliteratur mitunter enorm voneinander abweichen, besteht dahingehend Einigkeit, dass die Anzahl der

---

[11] Vgl. Dieterich, Walburga/Schuppan, Detlef; S. 97.

[12] Pohl, Kerstin: Zöliakie. Wenn Getreide krank macht; http://www.pharmazeutische-zeitung.de/index.php?id=32739; letzter Zugriff: 12.06.2011.

[13] Zitiert nach Oberhammer; S. 5.

[14] http://www.kinder.de/Zoeliakie-wenn-Getreide-krank-macht.338.0.html, letzter Zugriff: 06.06.2011.

[15] Brunner, Daniela/Spalinger, Johannes: Zöliakie im Kindesalter; In: Paediatrica, 3/2005, 16. Jahrgang, S. 34.

[16] http://www.zoeliakie-treff.de/zoeliakie/index.php?i=pages&mode=zoeliakie-infos, letzter Zugriff: 06.06.2011.

Patienten weltweit steigt, insbesondere bei Personen aus Westeuropa im Alter von über 60 Jahren[17]:

> „Schon in den 90er Jahren gab es Berichte, dass die Erkrankung durchaus vermehrt im Erwachsenenalter und besonders auch bei älteren Personen auftritt. 1994 waren bereits 19% der Patienten zum Zeitpunkt der Diagnosestellung (1961-1991) über 60 Jahre alt […], und aktuelle Daten aus England berichten, dass bis zu 34% der neu diagnostizierten Patienten über 60 Jahre alt sind. […] Während die landesweite Prävalenz einer durch Biopsie bestätigten Zöliakie in Finnland bei 0,546% lag, zeigte die Altersgruppe von 65 Jahren die höchsten Werte […]."[18]

Für das vermehrte Auftreten von Zöliakie kann in erster Linie der medizinische Fortschritt ausfindig gemacht werden. Sowohl die entwickelten Antikörper-Tests, die Massenuntersuchungen von großen Bevölkerungsgruppen, die verbesserte Ausbildung von geschultem Fachpersonal als auch eine einsetzende Sensibilisierung der Bevölkerung begünstigen eine frühzeitige Erkennung des Krankheitsbildes.[19] Nichtsdestotrotz sind sich Experten weiterhin dahingehend einig, dass die Dunkelziffer der Betroffenen immer noch sehr hoch ist. Sie sprechen diesbezüglich von der „Spitze des Eisbergs".[20] Festzuhalten bleibt außerdem, dass die ermittelten Krankenzahlen eine Diskrepanz zwischen Männern und Frauen aufweisen. Das weibliche Geschlecht ist offensichtlich insgesamt häufiger von Zöliakie betroffen. Es finden sich u.a. Verhältnisangaben von 1,5:1.[21] Auch finnische Studien verweisen auf eine erhöhte Betroffenheit der weiblichen Bevölkerung.[22] Mögliche Ursachen konnten bei einer Sichtung der Sekundärliteratur allerdings nicht ausfindig gemacht werden. Desweiteren finden sich starke Anzeichen für eine familiäre Häufung der Autoimmunerkrankung. Die Wahrscheinlichkeit einer Erkrankung wird bei Verwandten ersten Grades mit 10-15% beziffert, bei eineiigen Zwillingen sogar mit 75%.[23] Die Ursache liegt hier in einer genetischen Disposition, auf deren Bedeutsamkeit ausführlicher im Gliederungspunkt 2.1 eingegangen wird. Des Weiteren ist die weltweite Verbreitung von Zöliakie eng an den historischen Anbau sowie an die Kultivierung von Getreidearten gekoppelt. Gleichwohl die europäische Kultur eine ausgeprägte Getreidekultur ist, bleibt zu

---

[17] Dieterich, Walburga/Schuppan, Detlef; S. 98.
[18] Ebenda. S. 97.
[19] Vgl. Ebenda.
[20] Vgl. Schultz, Michael: Zöliakie – häufiger als bisher angenommen; In: Aesku. Science, 2/2005, 5. Jahrgang, S. 3.
[21] Vgl. http://www.zoeliakie-treff.de/zoeliakie/index.php?i=pages&mode=haeufigkeit-zoeliakie, letzter Zugriff: 07.06.2011.
[22] Vgl. Dieterich, Walburga/Schuppan, Detlef; S. 97.
[23] Vgl. http://www.zoeliakie-treff.de/zoeliakie/index.php?i=pages&mode=vererbung-zoeliakie, letzter Zugriff: 07.06.2011.

bedenken, dass das Anpflanzen und Züchten von glutenhaltigen Getreidesorten im Vergleich zur Existenz der Menschheit eine junge Historie darstellt. Jahrtausende lang ernährt sich die Menschheit auf verschiedenen Kontinenten zunächst fast ausschließlich glutenfrei, u.a. durch den Anbau von Reis (Asien), Mais (Südamerika) oder Hirse (Afrika). Die Verbreitung unseres heutigen Hauptgetreides Weizen beginnt erst „vor ca. 9000 Jahren in einem begrenzten Gebiet zwischen der heutigen Türkei und dem Irak"[24]. Von dort aus kann er sich schließlich schrittweise rund ums Mittelmeer, in den Orient und entlang der Donau durchsetzen. Die Neuartigkeit des hohen Glutenanteils in Getreidearten legt somit nahe, dass eine Vielzahl der Menschen über Jahrhunderte bzw. Jahrtausende keinerlei immunologische Toleranz gegenüber dem Klebereiweiß Gluten entwickeln konnten. Gestützt wird diese These u.a. durch das afrikanische Volk der Saharawis. Kriegerische Konfrontationen zwingen diese Menschen einst, ihr gewohntes Territorium zu verlassen, womit ihre wichtigste und Jahrhunderte alte Nahrungsquelle, das Sorghum, eine glutenfreie Hirseart, versiegt. Die in den Flüchtlingslagern gestellte Nahrungsmittelhilfe basiert jedoch zum größten Teil auf Weizenbasis. Seither lässt sich unter ihnen die weltweit höchste Zahl der Zöliakie-Betroffenen festhalten.[25] Zahlen aus dem asiatischen Raum bestätigen ebenso die Behauptung. Aufgrund der Hauptnahrungsquelle Reis sind hier Krankheitsfälle von Zöliakie nahezu unbekannt, wohingegen die Zöliakie in Irland innerhalb der europäischen Gefilde am häufigsten auftritt.[26] Für Deutschland liegt eine Mehrzahl unterschiedlicher Angaben vor. Schätzen Experten die Zahl der Betroffenen in Westeuropa insgesamt auf 1-5%[27], so gilt für Deutschland, dass hier vermutlich jeder 200. Bundesbürger betroffen ist.[28] Bei einer derzeitigen Bevölkerung in Höhe von ca. 81,8 Millionen Deutschen lässt sich demnach eine Gesamtzahl von 409.000 Zöliakie-Betroffenen ansetzen.

---

[24] http://www.glutenfreiessen.ch/glufrei_verbreitung.html, letzter Zugriff: 08.06.2011.
[25] Ebenda.
[26] Vgl. http://www.zoeliakie-treff.de/zoeliakie/index.php?i=pages&mode=haeufigkeit-zoeliakie, letzter Zugriff: 07.06.2011.
[27] Vgl. Ebenda.
[28] Vgl. Ebenda.

Viele Einzelheiten der Pathogenese von Zöliakie sind bis heute noch ungeklärt.

Da die komplexe Immunreaktion des Körpers insbesondere aus Mangel an medizinisch-biologischen Fachkenntnissen hier verständlicherweise nicht ausführlich wiedergegeben werden kann, wird im Folgenden nur Wesentliches in komprimierter Form bedacht.

Wie bereits erwähnt, beginnt eine Zöliakie durch die Aufnahme verschiedenster Proteinfraktionen von Getreidearten mit der Nahrung. Nachdem nun z.B. ein Weizenprodukt die menschlichen Verdauungsstationen des Mundes und des Magens passiert hat, landet der hier produzierte Nahrungsbrei schließlich im Dünndarm, wo schließlich die besonders verdauungsresistente Fraktion des Glutens, das Gliadin, bei Betroffenen irrtümlich in die Gewebsschichten der Darmschleimhaut eindringt. An dieser Stelle wird diese Fraktion als Antigen[29] von bestimmten Körperzellen (antigenpräsentierenden Körperzellen), die dazu fähig sind, eingedrungene Erreger oder veränderte Zellen zu erkennen, an HLA-Moleküle gebunden. Diese Verbindung von HLA (Humane Leukozyten Antigene)-Molekül und Antigen wird nun als ein kleiner Ausschnitt an der Oberfläche der antigenpräsentierenden Körperzellen den T-Zellen, einer Gruppe von Abwehrzellen, präsentiert. Anhand dieser präsentierten Verbindung entscheiden nun die T-Zellen, ob sie das vorgefundene Antigen als körpereigen tolerieren können oder ob sie es als körperfremdes Antigen bekämpfen müssen. Ausschlaggebend ist an dieser Stelle, dass die Gewebstransglutaminase, ein körpereigenes Enzym, zuvor die Antigenität[30] des Gliadins einschneidend erhöht, indem es Glutamin in Glutaminsäure verwandelt. Folglich passen entscheidende Abschnitte des Gliadins nun exakt an entsprechende Rezeptoren von HLA-Molekülen und T-Zellen. Durch die nun bestehende Verbindung wird schließlich eine lokale Immunreaktion ausgelöst. Sie beginnt damit, dass T-Zellen sogenannte Zytokine[31] produzieren, die eine Entzündung als erste Abwehrreaktion hervorrufen und damit weitere Abwehrzellen an den Ort des Geschehens rufen. Es sind also nicht die nativen Bestandteile von Gluten, die eine Zöliakie auslösen.[32] Im Prozess der einsetzenden Entzündung werden daraufhin entsprechende Antikörper gebildet. Neben

---

[29] Antigene sind belebte oder unbelebte Stoffe, die innerhalb eines Organismus imstande sind eine Immunreaktion auszulösen, so dass gegen sie Antikörper gebildet werden können.

[30] Die Bereitschaft, eine Immunantwort auszulösen.

[31] Zytokine sind natürliche Botenstoffe, über die sich die Zellen des Immunsystems miteinander verständigen. Man unterscheidet im Allgemeinen zwischen Zytokinen, die eine Entzündung fördern und Zytokinen, die eine Entzündung hemmen.

[32] Daher ist es genau genommen auch nicht angebracht von einer Glutenunverträglichkeit zu sprechen.

Antikörpern gegen das Gliadin selbst werden auch sogenannte Autoantikörper[33] gebildet. Sie richten sich beispielsweise gegen körpereigenes gesundes Dünndarmgewebe, was bei Betroffenen bisweilen mit der Zerstörung der Dünndarmoberfläche enden kann. Erste auftretende Schäden können bereits eine Stunde nach Kontakt mit den auslösenden Substanzen nachgewiesen werden.[34] Wenn an der Nährstoff aufnehmenden Fläche des Dünndarms, d.h. an den sogenannten Dünndarmzotten, großflächige Schädigungen auftreten, hat dies weitreichende Konsequenzen für die Nährstoffaufnahme sowie für deren Verwertung. Zerstörte Dünndarmausstülpungen bedeuten eine schrumpfende Dünndarmoberfläche. Die feinen Dünndarmzotten werden flach, die Darmwand glatt.[35] Wichtige Nährstoffe, wie beispielsweise Fette, Zucker, Eiweiße, Mineralien, Vitamine und sogar Wasser, bleiben aufgrund dessen unverdaut im Darm zurück oder können nur schwer aufgenommen werden.

2. Zur Erkrankung selbst

2.1 Die Ursachen:

Wie bereits kurz erwähnt, bedarf es in erster Linie einer genetischen Prädisposition um eine Zöliakie zu entwickeln. Als genetische Marker gelten die HLA-Gene für DQ2 oder DQ8. Die absolute Mehrheit der Zöliakie-Patienten besitzt die Oberflächenmoleküle DQ2, die restlichen Betroffenen weisen die DQ8-Moleküle auf.[36] Weitere genetische Marker zur Manifestation der Krankheit sind allerdings nicht auszuschließen, da lediglich zwei bis fünf Prozent der Leute erkranken, die diese Gene besitzen.[37] Es handelt sich bei der Zöliakie in jedem Fall jedoch um einen autosomal-dominanten Erbgang[38]. Da 25% der Gesamtbevölkerung diese

---

[33] Dietrich und Schuppan ist es zu verdanken, dass die Gewebstransglutaminase als das Auto-Antigen der Zöliakie entlarvt werden konnte. Darüber hinaus finden sich jedoch bei Zöliakie-Betroffenen weitere Auto-Antigene. So finden sich beispielsweise bei Morbus-Duhring-Patienten neben den Antikörpern gegen die Gewebstransglutaminase auch Antikörper gegen die in der Haut befindliche Variante der Transglutaminase. Vgl. Baas, Stephanie/Pasternack, Ralf u.a.: Die Transglutaminase; In: DZG Aktuell; 3/2009, o. Jg., S. 34.

[34] Vgl. Schultz, Michael: Zöliakie – häufiger als bisher angenommen; In: Aesku. Science, 2/2005, 5. Jahrgang, S. 4.

[36] Vgl. Dieterich, Walburga/Schuppan, Detlef; S. 98.

[37] Vgl. Ebenda.

[38] Im Wesentlichen bedeutet dies, dass die genetische Information für die Krankheit nicht auf den Geschlechts-Chromosomen , sondern auf bestimmten Chromosomen des restlichen Chromosomensatzes angesiedelt ist und die Krankheit bereits auftritt, wenn das veränderte Gen nur auf einem der beiden homologen Chromosomen ausfindig zu machen ist.

genetische Veranlagung besitzen[39], sie jedoch nicht bei allen zu Tage tritt, werden zusätzlich vermehrt Umweltfaktoren diskutiert. In den Fokus geraten sind dabei u.a. mehrfache Infektionen mit Rota-Viren[40] im Kindesalter sowie die gemäßigte Glutenzufuhr in der Stillphase. Während die Rota-Viren im Verdacht stehen, die Undurchlässigkeit der Dünndarmschleimhaut gegenüber toxischen, unvollständig gespaltenen Nahrungsbestandteilen oder z.B. fettunlöslichen Stoffen frühzeitig zu stören und somit eine Zöliakie zu begünstigen, wird der zeitigen Glutenzufuhr im Säuglingsalter sogar bei manchen Fachleuten eine protektive Rolle eingeräumt.[41] „Der optimale Zeitpunkt für die Einführung von Gluten in die Nahrung wird gegenwärtig in einer europaweiten Studie („Prevent CD") überprüft."[42]

2.2 Die Diagnostik:

Viele Symptome, die für eine Zöliakie-Erkrankung sprechen, treten in unserem Alltag häufig unabhängig von einer glutenhaltigen Nahrungsmittelzuführung auf. Es ist allgemein bekannt, dass Magen-Darm-Beschwerden zu den typischen Volkskrankheiten zählen. Unangenehme Beschwerlichkeiten wie Übelkeit, Erbrechen, Durchfall, Blähungen, Blässe, Appetitlosigkeit, Eisenmangel, Wachstumsstillstand/-abnahme, Müdigkeit, Reizbarkeit sowie Bauchschmerzen können charakteristische Anzeichen für vielerlei Erkrankungen sein. Insbesondere jene Symptome, die mitunter nicht sofort mit dem Magen-Darm-Extrakt in Verbindung zu bringen sind, erschweren eine richtige Diagnostik. Man spricht in solchen Fällen von atypischen Symptomen einer Zöliakie, die besonders dafür gesorgt haben, dass sich das Bild der Erkrankung vollkommen geändert hat. Heute gilt: „Je älter die Kinder, Jugendlichen oder Erwachsenen bei Diagnosestellung sind, umso seltener findet man die[…] klassischen Krankheitszeichen […]."[43] Es sind mittlerweile genügend Fälle bekannt, wo Betroffene keinerlei Beschwerden verspüren und ebenso keine Schädigung der Dünndarmschleimhaut festzustellen ist. Die Diagnose wird dann oftmals beim Familienscreening oder per Zufall entdeckt. In diesen Fällen einer „stummen Zöliakie" ist es mitunter sogar möglich, dass der Patient keine sichtliche Verbesserung unter einer glutenfreien Ernährung wahrnimmt.

---

[39] Vgl. Ebenda.
[40] Rota-Viren sind weltweit die häufigste Ursache für Magen-Darmerkrankungen bei Kindern.
[41] Vgl. Ebenda.
[42] Laaß, Martin: Wenn Getreide krank macht; In: Ärztliche Praxis Pädiatrie; 4/2010, 14. Jahrgang, S. 25.
[43] Ebenda; S. 21. Zur Häufigkeit der Symptome bei der Diagnosestellung findet sich dort auch eine Tabelle.

Meistens ist es eine Kombination von atypischen und typischen Symptomen[44], die eine schnelle und sichere Diagnose mitunter jahrelang hinauszögert. Nicht umsonst gilt die Zöliakie „als ein Chamäleon unter den Erkrankungen der Inneren Medizin"[45]. In der Sekundärliteratur finden sich gehäuft erschreckende Angaben über zu lange diagnostische Intervalle, Fehldiagnosen, wie beispielsweise Reizdarmsyndrom, und die Inanspruchnahme zahlloser Spezialisten:

> „In Deutschland wurde 1996 ein diagnostisches Intervall von 10,1 +/- 12,3 Jahren ermittelt, wobei der Zeitraum vom Auftreten der ersten Symptome bis zum ersten Arztbesuch der Patienten mit 2,2 +/- 6,6 Jahren eher kurz war, die Diagnosestellung jedoch weitere 8,0 +/- 10,4 Jahre betrug."[46]

Wie bereits angedeutet, kann das Alter ein Hilfskriterium bei der Diagnostik sein, muss es aber nicht. Fachleute unterscheiden mittlerweile bis zu sieben unterschiedliche Arten von Zöliakie: die aktive/klassische Zöliakie (10-20% sind hiervon betroffen), die silente, die oligosymptomatische, die atypische und refraktäre Zöliakie (80-90% sind insgesamt von diesen vier Arten betroffen) sowie die latente und potentielle Zöliakie (prozentuale Betroffenheit ist minimal).[47] Um andere in Frage kommende Erkrankungen[48] sicher auszuschließen wird die Diagnose Zöliakie immer durch eine Gastroskopie gesichert, bei der dem Patienten bis zu vier Gewebeproben aus dem Dünndarm entnommen werden. Sie gilt als Goldstandard bei der Diagnosestellung der Zöliakie. Die Entnahme von vier Biopsien an unterschiedlichen Stellen soll eine Fehlinterpretation vermeiden, da auftretende Schädigungen an der Dünndarmschleimhaut abhängig von der Nahrungsaufnahme sehr unregelmäßig und verzögert auftreten können.[49] Der Befund gilt als gesichert, wenn die Biopsie die typischen Veränderungen der Dünndarmzotten aufweist und sie nach den Marsh-Kriterien eingeteilt werden können. Darüber hinaus existieren vielfältige Antikörpertests, deren Zuverlässigkeit jedoch immer an eine aussagekräftigere Gastroskopie gekoppelt wird, da nicht alle Antikörper unter allen Umständen als gleichermaßen verlässliche Marker gelten.[50]

---

[44] Eine Übersicht zur Einteilung in klassische und atypische Symptome findet sich bei: Dieterich, Walburga/Schuppan, Detlef; S. 100.

[45] Laaß, Martin; S. 6.

[46] Dieterich, Walburga/Schuppan, Detlef; S. 101.

[47] Eine anschauliche Darstellung findet sich bei: Laaß, Martin; S. 22.

[48] Eine Auflistung findet sich bei: Dieterich, Walburga/Schuppan, Detlef; S. 105.

[49] Vgl. Ebenda; S. 104.

[50] Zu den unterschiedlichen Serumtests siehe: Ebenda. S. 105-106.

Wie sich bereits aus den vorangegangenen Darlegungen schlussfolgern lässt, gibt es *die* Zöliakie genauso wenig wie *den* Zöliakie-Patienten. Dafür ist ein Krankheitsverlauf von zu vielen Kriterien abhängig, die der Patient eigenmächtig beeinflussen oder über die er wie so oft nicht selbst verfügen kann. Neben der strikten Einhaltung der verordneten Therapie nach der Diagnosestellung, ist die Leidensgeschichte von Betroffenen insbesondere an die Schwere und die Art der Zöliakie sowie an auftretende Komplikationen gekoppelt. Erfahrungswerte zeigen, dass aufgeklärte Patienten mit guten Kenntnissen über die Krankheit einen unproblematischeren Verlauf aufzeigen.[51] Zur Wissensförderung und dem gewinnbringenden Erfahrungsaustausch mit anderen Betroffenen wird neu diagnostizierten Patienten deshalb oft eine Mitgliedschaft in einer Selbsthilfegruppe nahegelegt. „Bei unkompliziertem Verlauf sollten jährlich eine klinische Untersuchung und Laborkontrollen erfolgen."[52] Des Weiteren gilt: Je früher die Diagnose gestellt werden kann, desto eher lassen sich vermutlich Langzeit- und Folgeschäden vermeiden.[53] So kann eine „stumme Zöliakie" Betroffene lange Zeit unbemerkt schwerwiegend schädigen, bevor sie zweifelsfrei erkannt wird und eine Therapie angesetzt werden kann. Bei einer refraktären Zöliakie zeigen sich trotz glutenfreier Ernährung hingegen erneute Krankheitszeichen in Form von Diarrhöen, Appetitlosigkeit und Gewichtsverlust. Diese Form gilt als besonders therapieresistent. Für eine Vielzahl der Patienten bedeutet der Zeitraum bis zur Beschwerdefreiheit- bzw. Abnahme in erster Linie eine verminderte Lebensqualität, da ihre Teilhabe am Gesellschaftsleben mitunter stark beeinträchtigt ist:

> „Schwierigkeiten ergaben sich vorwiegend bei der Teilnahme an sozialen Veranstaltungen oder in der Kantine, sodass 36% der befragten Patienten angaben, […] an weniger sozialen Aktivitäten teilzuhaben."[54]

Vom Versorgungsamt wird Zöliakie deshalb mit einem Grad der Behinderung von 20 anerkannt.[55] Problematisch ist außerdem, dass die vielfältigen Krankheitsbilder die Zöliakie insgeheim als eine Multisystemerkrankung zu erkennen geben, die sich eben nicht nur im

---

[51] Vgl. Ebenda. S. 107.
[52] Laaß, Martin; S. 24.
[53] An einigen Stellen ist der Sekundärliteratur diesbezüglich zu entnehmen, dass sich Experten mitunter darüber streiten inwiefern beispielsweise eine frühe Diagnose das Auftreten von weiteren Erkrankungen tatsächlich verhindern kann. Vgl. Ebenda; S. 22.
[54] Dieterich,Walburga/Schuppan, Detlef; S. 107.
[55] Vgl. http://www.dzg-online.de/grad-der-behinderung.56.0.html, letzter Zugriff: 15.06.2011.

Magen-Darm-Trakt, sondern auch in anderen Organsystemen kundtun kann. Zu nennen sind hier die Haut, die Leber, das Hirn, das Herz sowie Gelenke und die Gebärmutter.[56] Für verschiedene Erkrankungen sind mittlerweile Assoziationen mit Zöliakie bekannt. So muss bei einer ungeklärten Osteoporose ebenso an Zöliakie-Folgen gedacht werden wie bei einer Eisenmangelanämie. Des Weiteren können veränderte Leberwerte, Depressionen, Karzinome, Tumore und sogar Unfruchtbarkeit mit den Auswirkungen einer Zöliakie in Verbindung gebracht werden.[57] Experten sind sich mittlerweile darüber einig, dass eine langfristige Glutenexposition bei einer unerkannten Zöliakie die Manifestation weiterer Autoimmunerkrankungen begünstigt.[58] „Erwachsene Zöliakiepatienten weisen hierfür ein 10-fach erhöhtes Risiko auf"[59]:

> „Eine Assoziation zwischen [Diabetes mellitus Typ 1] und Zöliakie ist schon seit langem bekannt. Verschiedene Studien konnten belegen, dass eine Prävalenz der Zöliakie bei Kindern und Erwachsenen mit Dm1 zwischen 1,5% und 7% angenommen werden kann. Darüber hinaus besteht die Vermutung, dass eine Zöliakie nicht nur zusammen mit Dm1 auftreten kann, sondern diesem sogar vorausgehen kann und eventuell Einfluss auf die spätere Ausprägung hat."[60]

Bei der Ernährungsumstellung auf glutenfreie Kost ist bei einigen Patienten oftmals eine Laktose-Intoleranz zu beobachten, die eine Folge der Darmschleimhautschädigung sein kann. Aufgrund der Darmzottenschädigung kann Laktase, das Enzym zur Spaltung von Milchzucker, nicht mehr gebildet werden. Erst nach einer längeren glutenfreien Ernährung und der damit verbundenen Darmregeneration wird Milch in diesen Fällen wieder problemlos vertragen. Dennoch sind Fälle bekannt, bei denen Zöliakie-Patienten auf Dauer laktoseintolerant bleiben.[61] Besonders beunruhigend sind jedoch Studienergebnisse zur Mortalitätsrate bei Zöliakie-Betroffenen:

---

[56] Vgl. Schultz, Michael; S. 4.
[57] Vgl. Ebenda; S. 5 und 8.
[58] Vgl. Laaß, Martin; S. 22.
[59] Dieterich, Walburga/Schuppan, Detlef; S. 103.
[60] Schultz, Martin; S. 4.
[61] Vgl. Laaß, Martin; S. 24/25.

„In einer [...] nordirdischen Studie aus den Jahren 1993-1996 war die Mortalität [...] im Vergleich zur
Gesamtpopulation signifikant (1,77-fach) erhöht [...]. [...] Daten einer italienischen Studie zur
Mortalität zeigten im Vergleich zu Kontrollpopulationen eine geringere durchschnittliche
Lebenserwartung der weiblichen Zöliakiepatienten um ca. 9 und der männlichen Patienten um 7 Jahre
auf. Als häufigste Todesursachen wurden hierbei Kachexie[62] (5%), Herzversagen (5%) und intestinale
Lymphome[63] (3,3%) angegeben [...].“[64]

3. Die Therapie

3.1 Essen nach dem Ausschlussprinzip:

Da Zöliakie immer noch nicht ursächlich bekämpft werden kann, besteht die Behandlung in
einer lebenslangen Diät, die konsequent eingehalten werden muss. Diese Diät folgt dem
Ausschlussprinzip, d.h. alle glutenhaltigen Produkte werden aus der Nahrung entfernt.
Medizinische Studien belegen, dass ca. 85-90% der Betroffenen darauf ansprechen.[65] Bei
vielen Patienten tritt bereits nach zwei bis drei Wochen eine deutliche Verbesserung bei der
Symptomatik auf. Die Regeneration der Dünndarmschleimhaut erstreckt sich allerdings über
mehrere Monate hinweg. Meistens bleibt sie – trotz völliger Symptomfreiheit – auch nach
Jahren unvollständig erholt.[66] Nach einer anfänglichen Phase der Umgewöhnung wird die
Umstellung auf glutenfreie Kost vorwiegend als unproblematisch empfunden. Die lang
ersehnte Gewissheit einer richtigen Diagnosestellung entschädigt nach Meinung vieler
Betroffener für die nun notwendigen Einschränkungen.[67] Etliche Kliniken können eine
Diätberatung durch einen qualifizierten Diätassistenzen direkt vor Ort für die schwierige
Anfangsphase garantieren. Obwohl Patienten auf etliche gängige Lebensmittel wie Brot,
Nudeln, Pizza verzichten müssen, kann eine glutenfreie Ernährung mittlerweile eine
qualitative und quantitative Nährstoffzufuhr vollständig gewähren, da sämtliche Obst- und
Gemüsesorten, Milchprodukte, Nüsse, Honig, Kartoffeln, Fleisch und Fisch weiterhin
verzehrt werden und viele unerlaubte, glutenhaltige Getreidearten durch andere, meist
weniger bekannte, ersetzt werden können. Dies ist einer gewachsenen Produktauswahl und

---

[62] Darunter versteht man eine krankhafte, sehr starke Abmagerung.
[63] Darunter versteht man signifikante Lymphknotenveränderungen , wie z.B. Tumore, im Darmbereich.
[64] Dieterich, Walburga/Schuppan, Detlef; S. 104.
[65] Vgl. Arnim, Ulrike von: Sprue/Zöliakie und Malabsorption;
http://www.vdoe.de/fileadmin/redaktion/download/jahrestagung/2010/vortraege/freitag/s3_0830_v-armin.pdf, S.
24, letzter Zugriff: 11.06.2011.
[66] Vgl. Dieterich, Walburga/Schuppan, Detlef; S. 106.
[67] Vgl. Ebenda. S. 107.

besseren Nährstoffgehalte zu verdanken. Die Hauptschwierigkeit bei der diätetischen Therapie ist jedoch das Vermeiden von versteckten Glutenquellen, den sogenannten Glutenbeimischungen. Wenn glutenfreie Nahrungsmittel weiter verarbeitet werden, ist darauf zu achten, dass während des Weiterverarbeitungsprozesses keine unerlaubten, also glutenhaltige, Stoffe zugesetzt wurden. Da Glutene als beliebte Bindemittel, Emulgatoren, Aromaträgerstoffe oder Pökelhilfsmittel in der Lebensmittelindustrie eingesetzt werden, müssen Betroffene beispielsweise bei Pommes frites, Schokolade, Senf, Eis sowie in Würsten, gebundenen Soßen und Eintöpfen grundsätzlich mit diesen Glutenbeimischungen rechnen. In diesem Sinne ist auch Vorsicht vor Medikamenten geboten, da sie ebenfalls Glutenquellen beinhalten. In der EU sind glutenhaltige Lebensmittel seit 2006 kennzeichnungspflichtig. „Als glutenfrei dürfen Lebensmittel nur dann bezeichnet werden, wenn sie maximal 20 mg Gluten pro Kilogramm im Endprodukt enthalten."[68] Eine entscheidende Hilfe beim täglichen Einkauf bietet die Deutsche Zöliakie Gesellschaft e.V. an. Alle Mitglieder erhalten regelmäßig eine Auflistung glutenfreier Lebens- und Arzneimittel.

3.2 Die Kontroverse um den Hafer:

Der Einsatz von Hafer wird im Rahmen einer glutenfreien Ernährung seit längerem unter Experten kontrovers diskutiert. Obwohl Hafer prinzipiell als glutenfrei gilt und somit von Zöliakie-Patienten verzehrt werden darf, kommt es bei der Kultivierung und Verarbeitung regelmäßig zum Kontakt mit glutenhaltigem Getreide, so dass die gesetzlich vorgeschriebenen Werte von unter 20 mg Gluten pro Kilogramm deutlich überschritten werden und der Hafer folglich als kontaminiert einzustufen ist. Schließlich wurde in einigen Studien gezeigt, dass „bereits geringste Mengen an Gluten für die Patienten nachteilig sein können"[69]. Andere klinische Studien belegen wiederum, dass gesondert angebauter und verarbeiteter Hafer von der Mehrheit der Betroffenen völlig beschwerdefrei – in Mengen von bis zu 50 g pro Tag- vertragen wird. Allerdings reagierte auch hier eine geringe Zahl von Betroffenen auf den nicht-kontaminierten Hafer nachweislich negativ. Mit der Einführung eines ersten nicht-kontaminierten Haferproduktes in Deutschland hat sich der Wissenschaftliche Beirat der Deutschen Zöliakie Gesellschaft e.V. zu einer Neubewertung entschlossen. Von dem Konsum von Hafer wird nun nicht mehr generell abgeraten. Vielmehr

---

[68] Laaß, Martin; S. 24.
[69] Dieterich, Walburga/Schuppan, Detlef; S. 107.

wird aufgrund der ungesicherten Erkenntnisse auf die individuelle Risikobereitschaft der Betroffenen verwiesen:

> „Aus den vorliegenden Studien lässt sich entnehmen, dass […] eine […] Reaktion auf nicht kontaminierten Hafer im Vorfeld nur sehr schwer abzuschätzen ist. Dies beruht auf der unterschiedlichen Toleranzschwelle eines jeden Einzelnen. Der Wissenschaftliche Beirat kann daher eine generelle Empfehlung zum Konsum von nicht kontaminiertem Hafer für jeden Betroffenen nicht geben. Aus ärztlicher Sicht kann jedoch einer kontrollierten Zuführung von bis zu 50 g pro Tag unter gleichzeitiger ärztlicher Betreuung zugestimmt werden, wenn dies der Zöliakiebetroffene nach einem Aufklärungsgespräch wünscht."[70]

3.3 Neue Therapieansätze:

Da viele Betroffene auf lange Sicht immer wieder Schwierigkeiten mit der strikten Einhaltung der diätetischen Ernährung haben, sind Wissenschaftler seit längerem bemüht alternative Therapieansätze zu entwickeln. Ein wichtiges Ziel ist, den Betroffenen einen unbedenklichen Konsum von glutenhaltiger Kost zu ermöglichen. Dafür fokussieren neue Therapieansätze die in den letzten Jahrzehnten gewonnenen Erkenntnisse zum eigentlichen Ablauf der Krankheit. Im Wesentlichen unterscheiden sich die Therapien hinsichtlich ihres Angriffspunktes. So versucht sich eine Behandlungsmethode an dem möglichen Einsatz von eiweißspaltenden Enzymen. Diese sollen die toxischen Peptidsequenzen verdauen und folglich eine glutenhaltige Ernährung gestatten. Die Wirksamkeit wurde bereits u.a. an Ratten getestet.[71] Im Gespräch sind ferner HLA-Blocker, die die Präsentation von Glutenpeptiden unterbinden sollen. Es wird sogar daran gearbeitet die Immunantwort in eine Immuntoleranz umzuwandeln.[72] Da erst die Transglutaminase das Gluten so entscheidend verändert und damit die Immunantwort in Gang setzt, liegt es u.a. für Unternehmen wie Zedira nahe, daraus eine medikamentöse Therapie mit entsprechendem Einsatz von Hemmstoffen gegen die Transglutaminase zu entwickeln:

---

[70] Der Wissenschaftliche Beirat der Deutschen Zöliakie Gesellschaft e.V.: Hafer in der glutenfreien Ernährung; 110504stellungnahme_hafer_endfassung_1.pdf, S. 1, letzter Zugriff: 16.06.2011.
[71] Vgl. Dieterich, Walburga/Schuppan, Detlef; S. 107.
[72] Vgl. Ebenda.

„Zedira ist es bereits gelungen, bei einigen Substanzen, die als Wirkstoff in Frage kommen, im Reagenzglas und durch Untersuchung in Zellkulturen eine gute Verträglichkeit nachzuweisen."[73]

Bevor jedoch eines dieser Konzepte tatsächlich als therapeutische Maßnahme Anwendung findet, muss eine Vielzahl an klinischen Studien zeigen, ob der Ansatz unter realen Bedingungen tatsächlich greift und keine bedenklichen Nebenwirkungen zu erwarten sind. Es dürfte also noch einige Jahre dauern bis möglicherweise geeignete Präparate Zöliakie-Patienten zur Verfügung stehen.

4. Die nahrhaften Alternativen

4.1 Die glutenfreien Getreidearten:

Da Zöliakie-Betroffene ausschließlich in den Genuss von glutenfreien Backwaren kommen dürfen, zählen sie, wie beispielsweise auch Diabetiker oder Menschen mit Bluthochdruck etc., zu den Bevölkerungsgruppen mit einem abweichenden Nährstoffbedarf. Für die besondere Ernährungsform von Zöliakie-Erkrankten bleiben die gängigen Hauptgetreidearten als Rohstoffe für Brot und Feine Backwaren außen vor. Stattdessen greift man für die Herstellung jener nährstoffveränderten Lebensmittel insbesondere auf natürlich-glutenfreie Getreidearten wie Teff, Hirse, Mais oder Reis zurück. Des Weiteren können auch die Pseudogetreidearten Quinoa, Amaranth, Buchweizen sowie das aus Kochbananen hergestellte Bananenmehl verwendet werden. Im Folgenden wird auf jene Getreidearten hinsichtlich ihrer grundlegenden Eigenschaften sowie Inhaltsstoffe etwas näher eingegangen.

4.1.1 Mais

Mais (Zea mays) ist eine Gattung aus der Familie der Gramineen. Ihren Ursprung hat die Pflanze in Mittelamerika. Durch Züchtung (Hybridmais) wird Mais mittlerweile auch in ganz Europa angebaut. Vorwiegend wird er in warmen Gegenden als Gemüsepflanze oder auch als Körnerfrucht angebaut. Die Pflanze hat eine hohe Photosyntheseleistung durch den effizienten Photosyntheseapparat einer C_4-Pflanze. Dabei wird CO_2 unter intermediärer Bildung von C_4-Dicarbonsäuren fixiert. Der Vorgang läuft in speziellen Chloroplasten ab, aus denen Apfelsäure in Zellen, die um die Blattadern liegen, transportiert wird. Dort findet dann die

---

[73] Baas, Stephanie/Pasternack, Ralf u.a,; S. 33.

normale C_3-Photosynthese statt. [74]Der Keimling macht zwischen 10-12% der Kornmasse aus und bis zu 30 % des Volumens.

Tab.:1 Bestandteile des Maiskeimes

Bestandteil	Anteile in %
Fett:	50-58 %
Protein:	14 %
Stärke:	8 %
Wasser:	3-5 %
Mineralstoffe:	3 %
Sonstiges:	4 %

Die Maispflanze besticht durch eine hohe Anpassungsfähigkeit, schnelles Wachstum – selbst bei hohen Temperaturen – und einen relativ geringen Wasserverbrauch.

Ein Kolben kann mittlerweile bis zu 1800 Körner aufweisen. Die ausgereiften Körner sind meistens goldgelb und enthalten bis zu 76% Wasser. Ihre weitere Zusammensetzung erstreckt sich aus einem ausgewogenen Verhältnis von Kohlenhydraten (Glucose, Fructose und Saccharose), Eiweiß, Fett, Mineralien (Kalzium, Phosphor, Kalium, Eisen und Natrium) sowie Provitamin A, Vitamin C und den Vitaminen B_1, B_2, B_3 und B_6. [75] Die Klassifizierung von Mais orientiert sich an Form, Zusammensetzung und Verwendung. Üblicherweise unterscheidet man Hart-, Zahn-, Puff-, Zucker-, Stärke-,Wachs- und Spelzmais. Während die meiste angebaute Form in den USA der Hartmais ist, speist sich der europäische Anbau vor allem aus Zahnmais/Hartmaismischtypen. Puffmais ist Grundlage jedes guten Popcorns und der Zuckermais wird vor Abschluss des Reifeprozesses geerntet und kann roh gegessen werden, da ihm ein Gen fehlt und sich sein Zucker dementsprechend verlangsamt in Stärke umwandelt. Da sich um die Körner des Stärkemaises kein hornartiges, sondern ein sehr weiches und stärkehaltiges Nährgewebe bildet, eignet er sich besser als andere Maissorten zur Mehlverarbeitung. Die neuere Zuchtform, die Maishybride *Opaque-2 (Hartmaisvarität)*, erzielt im Vergleich zu den bisherigen Varitäten einen hohen Lysin-Gehalt im Protein sowie höheren Tryptophangehalt[76]. Ebenfalls ist ein verbessertes Verhältnis zwischen den Aminosäuren Leucin[77] und Isoleucin ermittelt worden.[78] „Bei keiner Pflanzenart gibt es derzeit so viele genveränderte Sorten wie beim Mais [...]. Allein in den USA sind elf verschiedene Sorten zugelassen. In der EU dürfen [...] fünf transgene Maissorten verwendet

---

[74] Vgl. Seibel, Wilfried (Hrsg.): Warenkunde Getreide. Inhaltsstoffe, Analytik, Reinigung, Trocknung, Lagerung, Vermarktung, Verarbeitung; Bergen/Dumme: Agrimedia 2005, S.187.
[75] Vgl. http://www.lebensmittellexikon.de/z0000080.php, letzter Zugriff: 17.06.2011.
[76] Essentielle Aminosäure, wird teilweise zum Vitamin Nicotinsäureamid metabolisiert.
[77] Essentielle Aminosäure, wird unter anderem als Geschmacksverstärker eingesetzt.
[78] Vgl. Täufel/ Ternes /Tunger / Zobel: Lebensmittellexikon L-Z; Hamburg: Behr´s, S. 96-97.

werden. In der Europäischen Union dürfen Händler bislang Lebensmittel aus drei gentechnisch veränderten Nahrungspflanzen verkaufen: Soja, Mais und Raps."[79]

Tab.2: Inhaltsstoffe von Zuckermais in 100g enthalten:[80]

	Zuckermais, frisch	Zuckermais, gegart	Zuckermais, Konserve
Energie (kcal)	89	89	76
Wasser (g)	76	75	78
Eiweiß (g)	3	3	3
Fett (g)	1	1	1
Stärke (g)	14	14	11
Kohlenhydrate (g)	16	16	13
Ballaststoffe (g)	3	3	3
Vitamin C (mg)	12	7	3
Vitamin A (RÄ) (µg)	9	9	7
Folsäure (µg)	43	24	9
Kalium (mg)	300	250	175
Natrium (mg)	1	1	223
Calcium (mg)	6	7	10
Magnesium (mg)	48	48	38
Eisen (mg)	0,6	0,5	0,4

4.1.2 Reis

Der Reis (Oryza sativa) hat seinen Ursprung in Ostasien und ist dort, bis heute, das wichtigste Getreide. Die Reispflanze wird ca. 1,5 m hoch und kann bis zu 30 Halme ausbilden. Diese Halme tragen Rispen, den Fruchtbestand der Pflanze, mit einblütiger Ähre. Sie können bis zu 100 Körner enthalten kann. Somit kann ein Saatkorn ca. 3000 Reiskörner ausbilden. Bevorzugt wird Reis in feucht-warmen Klimazonen angebaut. Vom vorherrschenden Ökosystem gibt es vier unterschiedliche Arten den Reis anzubauen:

- Nassreisanbau

- Tiefwasserreisanbau

- regenabhängiger Bergreisanbau

- regenabhängiger Niederungsreisanbau

---

[79] http://www.spiegel.de/wissenschaft/mensch/a-86920.html, letzter Zugriff: 17.06.2011.
[80] http://www.terfloth-stiftung.de/home.php?f=1&lang=de&site=Produkte-A-Z&oid=181, letzter Zugriff: 17.06.2011.

Der größte Anteil der weltweit produzierten Reismenge stammt aus dem Nassreisanbau.
Wichtigster Reisproduzent ist China mit 197 Millionen Tonnen; dicht gefolgt von Indien mit
131 Millionen Tonnen. Mittels der vielfältigen Kornform (kurz, breit, dick; lang, schmal,
abgeflacht) und der Kocheigenschaft (pappig; nicht klebrig) wird der Reis zusätzlich
klassifiziert. Von der gesamten Reisproduktion werden 92% für die menschliche Ernährung
verwendet. Ins Tierfutter gelangen 4% und 2% in die Industrie.

Tab.3: Nährstoffangebot von 100g Reis[81]

Reis-Art	Protein	Fett	Kohlenhydrate	Vitamine	Mineralstoffe
Ungeschält	7,5 g	1,9 g	77,4 g	5 mg	281 mg
Geschält	6,7 g	0,4 g	80,4 g	2 mg	149 mg

Der Schälprozess des Reiskornes wirkt sich auf das Nährstoffangebot aus. Durch das
Abschleifen der Schalen geht ein Großteil der Mineralstoffe verloren. Desweiteren verliert der
Reis durch den Schleifprozess Protein. Der geschälte Reis zählt mit zu den Mineralstoff- und
proteinärmsten Getreidearten.[82] Doch es gibt auch positive Effekte des Schälprozesses. Der
Kohlenhydrat-Anteil wird gesteigert und der Reis wird zu einer reichen Quelle der
verdaulichen Kohlenhydrate (90% Stärke).[83]

4.1.3 Hirse

Die Hirse ist ein Spelzgetreide und stellt ein Sammelbegriff für eine Vielzahl von meist
einjährigen Süßgräsern dar. Die farbliche Varianz reicht von creme-weiß, gelb, grau über
braun bis zu rot. Die Mehrheit der Hirsearten ist tropischen oder subtropischen Ursprungs.
Dementsprechend sind sie regulär licht- und wärmebedürftig. Sie gedeihen selbst auf
trockenen und kargen Böden, wo der Anbau anderen Getreides misslingt. Als
Hauptanbaugebiete zählen Afrika und Asien. Für rund 400 Millionen Menschen dient die
Hirse heute als Grundnahrungsmittel. Von der Hirse sind weltweit etwa 6000 Varianten
bekannt. Die wesentliche Einteilung erfolgt in 2 Hauptgruppen:

---

[81] Vgl. Groot, Hilka de: Ernährungswissenschaft. Ernährungslehre; Haan-Gruiten: Europa-Lehrmittel 2001,
S.267.
[82] Vgl. Seibel, Wilfried; S.276.
[83] Vgl. Ebenda; S.276-283.

- Millethirsen (Paniceae)

- Sorghum-Hirsen (Sòrghum)

Zu den Millethirsen gehören die bei uns weitverbreitete Kolbenhirse (meist als Vogelfutter verwendet) und die Rispenhirse. Die Sorghum-Hirsen weisen wesentlich höhere Erträge und Körner auf.[84] Da es eine hohe Artenvielfalt bei der Hirse gibt, schwanken natürlich auch die Zusammensetzungen sowie die ernährungsphysiologischen Werte. Entsprechende Angaben sollten demnach besser als Richtwerte angesehen werden. Die Hirse ist im Allgemeinen eine gute Quelle für Proteine, Kohlenhydrate (Millets 60% Stärke, Sorghum zwischen 32-79%) und Mineralstoffe (insbesondere Eisen). In der Fingerhirse ist z.B. der Kalziumgehalt fast zehnmal höher als bei anderen Hirsearten. Wichtige Substanzen werden durch das Schälen des Kornes entfernt. Gleichzeitig verschwindet jedoch auch ein Großteil der negativen Verbindungen wie Phenole und Enzym-Inhibitoren, womit wiederum die Verdaulichkeit der Nährstoffe vergrößert wird. Durch Keimung kann die Zusammensetzung der Hirse positiv beeinflusst werden. Der Proteingehalt steigt, während der Gehalt an Kohlenhydrate, Lipide und Mineralstoffe sinkt. [85]

Tab.4: Zusammensetzung von 100g Hirse[86]

	Hirse, geschältes Korn	Hirse, geschältes Korn
Energie (kcal)	349	349
Wasser (g)	12,1	11,4
Eiweiß (g)	10,2	10,7
Fett (g)	3,9	3,2
Kohlenhydrate (g)	69	69,7
Ballaststoffe (g)	3,8	3,7
Vitamin B1 (mg)	0,4	0,3
Vitamin B2 (mg)	0,1	0,15
Vitamin B6 (mg)	0,5	--
Calcium (mg)	9,5	8,7
Magnesium (mg)	123	687
Mangan (mg)	1,1	4,3
Eisen (mg)	6,9	5,7
Phosphor (mg)	275	330
Kupfer (mg)	0,6	0,7

---

[84] Vgl. Täufel/Ternes/Tunger/Zobel: Lebensmittel-Lexikon A-K; Hamburg: Behr´s 1993, S. 657.
[85] Vgl. Seibel, Wilfried/Steller, Werner (Hrsg.): Spelz- und Schälgetreide; Hamburg: Behr´s 1993, S.273.
[86] http://www.terfloth-stiftung.de/home.php?f=1&lang=de&site=Produkte-A-Z&oid=400, letzter Zugriff: 17.06.2011.

4.1.4 Teff

Teff (Eragrostis tef), auch als Zwerghirse bekannt, stammt ursprünglich aus Äthiopien, wo es
seit Jahrtausenden angebaut wird. Teff gilt als das kleinste Getreide der Welt. Die Größe der
Getreidekörner wird in der Literatur mit 0.9-1.7 x 0.7-1.0 mm angegeben. Als eine Hirsenart
wird Teff folglich der Familie der Süßgräßer (Poaceae) zugeordnet. Die krautige Pflanze wird
bis zu 80cm hoch, trägt 15-35 cm lange Rispen und neigt bei starkem Wind und Regen zum
Umknicken. Teff ist allotetraploid (2n=40) und selbstbestäubend. Eine Teff-Pflanze kann über
10000 Körner produzieren, wobei die Körnerfarbe, je nach Sorte, von weiß bis dunkelbraun
variiert. Beim Anbau gilt Teff als genügsam. Das Getreide wächst auf nassem wie auf
trockenem Boden: „Teff erträgt Trockenheit und auch eine gewisse Staunässe, hat keine
Lagerschädlinge [...]."[87] Dennoch ist der Ertrag nicht groß. Zu wenig Niederschlag und
Temperaturen über 22 Grad Celsius führen während der Bestäubung zu Betragseinbußen.
Die Ernte der äthiopischen Bauern macht im Jahr 2008 nur ein 1/6 der gesamten
Getreideernte aus. „Teff gehört zu den seltenen und wenig studierten Kulturpflanzen [...] und
es bedarf einiger Forschung, um den geringen Ertrag zu erhöhen."[88] Äthiopien, als größter
Teff-Produzent, verbraucht den Großteil der erzielten Ernte selbst. Lediglich ein sehr geringer
Anteil wird dem Export zur Verfügung gestellt. Teff besitzt für den menschlichen Organismus
alle essentiellen Aminosäuren. Das Getreide hat folglich einen hohen Proteingehalt.[89] Des
Weiteren besticht Teff mittels seines tiefen glykämischen Werts: „Deshalb gäbe es in Afrika
weniger Anämie, Osteoporose und Diabetes [...]."[90] Da Teff sehr winzig ist, ist das Schälen
so gut wie unmöglich. Folglich wird der gesamte Samen zu Mehl verarbeitet. Das gut
lagerfähige und trockenresistente Korn behält damit die vollen Nährstoffe und weist deshalb
einen hohen Mineralstoffgehalt, insbesondere an Kalzium, auf. Während der Lysin-Gehalt bei
Teff höher als bei Weizen einzuschätzen ist, wird um die tatsächliche Höhe des Eisengehaltes
gestritten: „Der vermeintlich hohe Eisengehalt wird auf Kontaminationen beim Dreschen auf
nackten Böden zurückgeführt. Teff-Körner, die auf dem Labortisch verarbeitet wurden, haben

---

[87]http://www.weiterbildung.uzh.ch/programme/ethnobot/Abschlussarbeiten/HeinigerAbschlussarbeitFinalKl.pdf,
S. 4, letzter Zugriff: 14.06.2011.
[88] Ebenda.
[89] Vgl. http://www.mercur.org/?p06395&l=0, letzter Zugriff 17.06.2011.
[90]http://www.weiterbildung.uzh.ch/programme/ethnobot/Abschlussarbeiten/HeinigerAbschlussarbeitFinalKl.pdf,
S. 6, letzter Zugriff: 14.06.2011.

jedenfalls keinen außerordentlichen Eisengehalt."[91] „Sorten mit weißen Körnern sind gefragter als Sorten mit braunen Körnern, obwohl diese nährstoffreicher sind."[92]

4.2 Pseudocerealien:

Die folgenden „Getreidearten" gelten als Pseudocerealien, da sie aufgrund ihrer Botanik nicht der Familie der Gräser zuzurechnen sind. Da sie jedoch hinsichtlich ihrer Verwendung sowie der Zusammensetzung eine authentische Nähe zum Getreide aufweisen, werden sie inoffiziell, insbesondere in Handelskreisen, dem Getreide zugeordnet. Dies ist vor allem auf die Samen der Pseudocerealien zurückführen, die wie beim Getreide stärkehaltig sind und dementsprechend wie Getreidekörner verarbeitet werden können. Die wichtigsten Vertreter dieser glutenfreien Urgetreide aus der Ferne werden auf den nächsten Seiten näher beschrieben.

4.2.1 Buchweizen

„Buchweizen (botanisch: Fagopyrum esculentum MOENCH) gehört zu den Knöterichgewächsen (Polygonaceae)". Was die Bodenbedingungen angeht, ist der Buchweizen relativ anspruchslos.[93] In warmen Lagen kann er als Zweitfrucht angebaut werden. Während der Buchweizen im 16.Jahrhundert in Mittel- und Osteuropa verbreitet war, befinden sich die Hauptanbaugebiete heutzutage in China, Russland und der Ukraine. Er gedeiht als eines der wenigen „Getreide" auf saurem Moorboden und reift in nur zehn bis zwölf Wochen. Die Buchweizenkörner ähneln Bucheckern. Hervorzuheben ist, dass er zu den mineralstoffreichen Getreidearten gehört. Ausdrücklich zu erwähnen ist hier der hohe Kaliumanteil bei einem niedrigen Natriumgehalt. Die Buchweizenfrüchte enthalten viele ungesättigte Fettsäuren, sind aber insgesamt betrachtet fettarm. Der Gehalt von dem wertgeschätzten Lysin ist darüber hinaus besonders hoch[94]. Unterstützt dieses Enzym doch die Aufnahme von Kalzium aus dem Darm, fördert das Knochenwachstum und regt die Zellteilung an.[95] Gleichwohl der Eiweißgehalt des Buchweizens nicht so hoch ist wie bei Gerste oder Hafer, überzeugt die Zusammensetzung. Die Proteine haben eine biologische

---

[91] Ebenda; S. 7.
[92] Ebenda.
[93] Vgl. Seibel, Wilfried: Warenkunde Getreide, S.56.
[94] Vgl. Seibel, Wilfried/Steller, Werner: Spelz- und Schälgetreide, S. 246.
[95] Vgl. Täufel/Ternes/ Tunger/ Zobel: Lebensmittel-Lexikon L-Z, S.89.

Wertigkeit von 81,4% der Eiproteine. Zusätzlich ist das Protein durch einen hohen Gehalt von den essentiellen Aminosäuren Lysin, Tryptophan, Methionin und Cystein charakterisiert.[96] Damit gelten sie gegenüber den übrigen Getreidearten als hochwertiger. Die Früchte liefern große Mengen an Tocopherolen (Vitamin E), Thiamin (Vitamin B_1) und Riboflavin (Vitamin B_2). Zudem kann Buchweizen einen hohen Gehalt an verdaulichen Kohlenhydraten aufweisen.[97] Vorsicht ist vor dem roten Farbstoff aus der Fruchtschale geboten. Wird er mitgegessen, wird die Haut gegenüber Sonnenlicht empfindlicher. Der Verzehr von geschältem Buchweizen ist demzufolge empfehlenswerter.[98]

4.2.2 Amaranth

Amaranth (Amaranthus spp.) wird botanisch der Familie der Fuchsschwanzgewächse zugeordnet. Als eine der ältesten Kulturpflanze liegen die Herkunftsgebiete in Asien sowie in Zentral- und Südamerika, wo sie einst das Hauptnahrungsmittel der Inkas, Mayas und Azteken war. Mitunter bezeichnet man Amaranth deswegen auch als Inkaweizen. Amaranth stellt kaum Ansprüche an die Bodenverhältnisse; gehört zu den C4- Pflanzen. So wird zum Anbau beispielsweise recht wenig Wasser benötigt. Am besten gedeiht sie in Höhenlagen bis zu 3000 Meter. Die Pflanze gilt als krautig, raschwüchsig und kann bis zu zwei Meter hoch wachsen. Die kleinen, linsenförmigen Samen sind der der Hirse sehr ähnlich. Sie werden etwa fünfmal schneller verdaut als Maisstärke.[99]

Ihre Färbung reicht von schwarz, braun, rot bis hin zu beige oder weiß. Amaranth enthält zweimal mehr Eisen als und viermal mehr Kalzium als Hartweizen. Ebenso lobenswert ist der hohe Anteil an Aminosäuren und Eiweiß. Der Proteingehalt wird mit 10-17% beziffert. Die biologische Wertigkeit des Proteingehalts soll letztendlich sogar die von Milch übertreffen. Hinzu kommt ein Fettgehalt von durchschnittlich 6% und ein hoher Lysin-Anteil. Die sonst nur im tierischen Eiweiß vorkommende Aminosäure führt dazu, dass Amaranth als wertvoller Fleischersatz geschätzt wird.[100] „Amaranth ist vielleicht die einzige Pflanze, gegen deren Inhaltsstoffe noch niemals eine Nahrungsmittelallergie bekannt geworden ist."[101]

---

[96] Vgl. Seibel, Wilfried: Warenkunde Getreide, S.57.
[97] Vgl. Seibel, Wilfried/Steller, Werner: Spelz- und Schälgetreide, S. 244.
[98] Vgl. http://www.gesundheit.de/ernaehrung/lebensmittel/getreide/buchweizen-quinoa-und-amaranth-urgetreide-aus-der-ferne, letzter Zugriff: 17.06.2011.
[99] Vgl. http://www.el-pan-alegre.org/Amaranth-Projekt_GENRES.pdf, S. 1, letzter Zugriff: 14.06.2011.
[100] Vgl. http://lexikon.huettenhilfe.de/getreide/amaranth.html, letzter Zugriff: 17.06.2011.
[101] http://www.el-pan-alegre.org/Amaranth-Projekt_GENRES.pdf, S. 2, letzter Zugriff: 14.06.2011.

Tab.5: Nährstoffgehalt[102]

je100 gr	Eiweiß(g)	Fett(g)	Kohlehydr.(g)	kcal	Calcium(mg)	Kalium(mg)	Magnesium(mg)	Eisen (mg)	Zink (mg)	Vit.B1(mg)	Vit.B2(mg)	Vit.C (mg)	Vit.E (mg)
Amaranth	14,6	8,8	56,8	365	214	484	308	9	3,7	0,8	0,19	n.a.	n.a.

4.2.3 Quinoa

Quinoa (lat. Chenopodium quinoa Billd.) ist, botanisch betrachtet, der Gattung der Gänsefußgewächse zuzuordnen. Quinoa ist unserem Spinat verwandt und kann bis zu 2,50 m hoch werden. Ursprünglich stammt die Pflanze aus Südamerika (Andengebiet). Dort wächst sie in Höhen von bis zu 4000 m NN.[103] Fast sämtliche deutsche Importen stammen aus Ecuador, Peru und Bolivien. Das Gewächs hegt einen geringen Anspruch an Boden und Wasser und ist bis heute das Hauptnahrungsmittel für die Bewohner der Andenstaaten. Quinoa weist höhere Nährstoffwerte auf als normales Getreide. Der Proteingehalt liegt im Bereich von 13-22% (Weizen: 12-15%). Es ist somit eine der proteinreichsten Getreidearten. Zudem besitzen die Körner hohe Mengen an Vitaminen, Mineralstoffen und Spurenelementen. Der Fettgehalt der Quinoa-Körner beläuft sich auf das zweieinhalbfache von Weizen, also ca. 5%. Das Fett besteht zum mehrheitlichen Teil aus ungesättigten und langkettigen Fettsäuren. Die Zusammensetzung der Aminosäuren gilt als perfekt ausgewogen und der hohe Gehalt an Lysin ist unter Getreidearten einmalig. Bei einer einseitigen Ernährung mit Quinoa würde man den Organismus – dank der perfekten Zusammensetzung – mit allen essentiellen Aminosäuren versorgen.[104] Die bitter schmeckenden Saponine aus der Samenschale schützen zwar die Pflanze vor Schädlingen, allerdings können sie insbesondere für Kleinkinder, deren Verdauungssystem noch nicht ausgereift ist, problematisch werden. Saponine können deren rote Blutkörperchen sowie die Leber schädigen. Kinder unter zwei Jahren sollten insofern keine Quinoa-Speisen zu sich nehmen, da nicht bekannt ist wie viele Saponine trotz der durchgeführten Prozeduren in dem im Handel erhältlichen gewaschenen oder geschälten Quinoa zurückgeblieben sind.[105]

---

[102] http://aromatherapie.coolfreepages.com/Beschreibungen/nahrung/produkte/quinoa.htm, letzter Zugriff: 17.06.2011.
[103] Vgl. http://www.lebensmittellexikon.de/q0000050.php, letzter Zugriff 16.6.2011.
[104] Vgl. http://www.lebensmittellexikon.de/q0000050.php, letzter Zugriff 16.06.2011.
[105] Vgl. http://www.gesundheit.de/ernaehrung/lebensmittel/getreide/buchweizen-quinoa-und-amaranth-urgetreide-aus-der-ferne, letzter Zugriff: 17.06.2011.

Tab.6: Der Nährstoffgehalt von Quinoa im Vergleich mit anderem Getreide[106]

je100gr	Eiweiß (g)	Fett (g)	Kohlehyd (g)	kcal	Mineralstoffe					Vitamine			
					Ca (mg)	K (mg)	Mg (mg)	Fn (mg)	Zn (mg)	B1 (mg)	B2 (mg)	C (mg)	E (mg)
Quinoa	15,2	5,0	60	350	51	710	240	10,8	4,3	0,28	0,35	4,4	4,7
Weizen	11,7	2,0	59	309	45	783	144	4,5	1,3	0,48	0,14	-	3,2

4.3 Bananenmehl

Die Banane gehört zur Familie der Musaceae und stammt ursprünglich aus den tropischen

Regionen Asiens, wo sie ein wichtiger Bestandteil der Wälder ist. Nach Europa wird sie erst

im Jahr 1885 importiert. Mittlerweile wird sie weltweit in geeigneten Klimazonen auf großen

Plantagen angebaut. Die wichtigsten Produktionsländer sind Ecuador, Brasilien, Honduras,

Thailand, Kenia, Indonesien und Südafrika. Botanisch betrachtet sind Bananen dreifächrige,

längliche Beerenfrüchte. Die Bananenpflanze ist eine großblättrige Staude, die bis zu 7,5 m

hoch wachsen kann. Sie gilt als eine krautartige, ausdauernde Pflanze, in deren unterirdischem

Wurzelstock zahlreiche Nährstoffe eingelagert sind. „Die leicht gebogenen Früchte erreichen

je nach Sorte eine Länge von bis zu 20 cm, einen Durchmesser bis 4 cm und ein Gewicht von

100-120 g."[107] Als reif gelten sie nach drei bis fünf Monaten. Die sogenannten Kochbananen,

aus denen das Bananenmehl produziert wird, sind Kreuzungen aus Obstbananen und

samenhaltigen Bananen. Sie werden u.a. auch als Mehlbananen, Gemüsebananen oder

Pferdebananen bezeichnet. „Von den weltweit etwa 85 Millionen Tonnen Bananen sind

ungefähr 55 Millionen Tonnen Obstbananen und 30 Millionen Kochbananen."[108]

Darüber hinaus gibt es auch bei den Kochbananen zahlreiche Sorten. Ihre Früchte weisen

unterschiedliche Formen und Schalenfarben (grün, gelb, rot bis schwarz) auf. Ihr

Fruchtfleisch ist fester und die Schale dicker als bei Obstbananen. Aufgrund ihres niedrigen

Zuckergehaltes und dem höheren Stärkegehalt gegenüber Obstbananen sind sie für den

Rohverzehr ungeeignet. Die in den rohen Kochbananen enthaltenen Gerbstoffe sorgen für

---

[106] http://aromatherapie.coolfreepages.com/Beschreibungen/nahrung/produkte/quinoa.htm, letzter Zugriff: 18.06.2011.
[107] http://www.hensle.de/Tropische_Fruchte/botanik2.htm, letzter Zugriff: 18.06.2011.
[108] http://www.rosenfluh.ch/rosenfluh/articles/download/936/Kochbananen.pdf, letzter Zugriff: 14.06.2011.

einen unangenehmen Geschmack, der erst durchs Kochen neutralisiert wird. Kochbananen enthalten viel Vitamin C und B_6, Kalium, Magnesium sowie ß-Karotin und Folsäure.

Zur Herstellung von Bananenmehl werden die noch grünen Früchte geerntet, geschält, geschnitten und auf einen Feuchtigkeitsgehalt von 15% getrocknet. Anschließend werden die getrockneten Bananen fein zermahlen.

4.4 Produkte

Die im folgenden vorgestellten Produkte der Pseudogetreide sowie vom Bananenmehl sind in Deutschland vor allem über den Deutschen Naturkosthandel, teilweise über Supermärkte und Drogerie-Ketten, den Diätprodukte-Versandhandel, Reformkost-Läden sowie in einigen wenigen Bäckereien erhältlich. Da laut Richtlinien zur Herstellung von glutenfreien Lebensmitteln vom Hersteller ausgeschlossen werden muss, dass es zu Verunreinigungen mit glutenhaltigen Erzeugnissen kommen kann, wagen nur wenige Bäckereien den Schritt zu einer Spezialisierung in diese Richtung. Ein vielfaches der normalen Materialkosten (Importe), der größere Zeitaufwand (Handarbeit, strenge Kriterien), ein hohes Maß an Fachwissen sowie eigens für die Herstellung glutenfreier Backwaren umgerüstete Backstuben lassen viele Bäckermeister vor diesem Wagnis immer noch zurückschrecken. Eine im Anschluss daran kurz vorgestellte Studie befasst sich mit der Qualität glutenfreier Backwaren.

Maiskolben werden in der Regel gekocht, gedünstet oder gegrillt. Sie eignen sich als Beilage zu Fleisch oder Salat. Bevorzugt werden sie mit zerlassener Butter verzehrt. Frittierter Mais ist eine spanische Spezialität. Die Lebensmittelindustrie verkauft den Mais bevorzugt als Nasskonserve, in Gläsern oder Dosen. Junge Minikolben werden in Essig eingelegt oder Mais wird roh als Pickles konsumiert. Weniger bekannt ist die Weiterverarbeitung von Mais zu Sirup, Mehl, Stärke, Flocken, Gries oder Maiskeimöl. Dementsprechend findet sich Mais auch in weiterverarbeiteten Produkten, wie beispielsweise Cornflakes, Polenta, Tortillas (Maisfladen), und als Zusatz in Broten wieder.

Es gibt sehr viele Reissorten und noch mehr Möglichkeiten diesen zu verarbeiten. Reis ist nicht nur in Form von Körnern zu finden. Die Vielfalt der Produkte ist im asiatischen Raum längst alltäglich, aber auch hierzulande gewinnt die üppige Produktpalette zunehmend Anhänger. Außer in den aus asiatischen Gerichten bekannten Reisnudeln, die übrigens einen geringen Anteil Weizenmehl enthalten können, findet sich Reismehl zunehmend in Gebäck wieder. Da es kein Gluten enthält, geht es während des Backprozesses kaum auf. Reismehl wird darüber hinaus ebenfalls zum Binden von Soßen und Suppen verwendet und wird meistens von Naturkostgeschäften vertrieben. Sehr beliebt ist mittlerweile auch das Reispapier, das u.a. als hauchdünne Ummantelung für Gemüsehappen dienen kann. Als leckere und gesunde Zwischenmahlzeit bieten sich die kalorienarmen, knusprigen Reiswaffeln und Reiscracker an. Ihre Geschmacksrichtungen reichen von süß bis pikant. Ein wichtiger Bestandteil der ayurvedischen und makrobiotischen Küche ist die Reismilch, die allerdings für Säuglinge ungeeignet ist, da sie für ihre Bedürfnisse zu wenig hochwertiges Eiweiß, Kalzium, Jod und Vitamine enthält. Der auch als Sake bekannt gewordene Reiswein wird aus Reis, Wasser, Hefe und Malz hergestellt und ist oft ein Bestandteil von Cocktails. Sein Alkoholgehalt beträgt ca. 15%.[109]

Hirse ist im Geschmack leicht süßlich und dient in erster Linie der Gewinnung von Stärke und Traubenzucker. Hirse wird ebenso zur Herstellung von dickem/dünnem Brei (Botswana/Nigeria), gesäuertem/ungesäuertem Brot (Sudan/Indien), Bier (Afrika) und Wein (China/Korea) eingesetzt. In Afrika und Lateinamerika werden aus Sorghumhirsen u.a. aber auch alkoholfreie Erfrischungsgetränke gewonnen. In Ungarn ist die Verwendung als Sirup sehr beliebt.[110] Im Gegensatz zu Teff ist Hirse als ganzes, ungeschältes Korn erhältlich. Seltener ist sie als Mehl oder in Flockenform zu finden. Wegen ihres Geschmacks eignet sie sich gut für süße Speisen, aber auch herzhafte Aufläufe, Bratlinge oder Suppeneinlagen können mit ihr hergestellt werden.

Teff bietet eine gute Grundlage für nahrhafte und leckere Endprodukte. Teffmehl eignet sich nicht nur für Brot, Pfannkuchen und Gebäck, sondern auch als Bindemittel für Soßen und Suppen. Neben dem besonderen Geschmack, charakterisieren sich Teffprodukte, aufgrund des guten Wasserbindungsvermögens, insbesondere durch ihre weiche und saftige Konsistenz. Das Kornaroma gilt als mild, nussartig und etwas süß.[111] In Äthiopien wird Teff vor allem für die Herstellung von Brei und Injera, ein fermentiertes Fladenbrot aus Hefeteig, verwendet. Es gilt als äthiopisches Nationalgericht und wird mit Fleisch und Gemüse gegessen.

---

[109] Vgl. http://www.lifeline.de/special/lebensmittel/getreide_brot/content-129793.html, letzter Zugriff: 17.06.2011.
[110] Vgl. http://www.terfloth-stiftung.de/home.php?f=1&lang=de&site=Produkte-A-Z&oid=400, S. 69, letzter Zugriff: 18.06.2011.
[111] Vgl. http://www.allergico.net/berichte/lebensmittel/teff-mehl-teffmehl/, letzter Zugriff: 17.06.2011.

Buchweizen-Körner besitzen ebenfalls einen nussigen Geschmack, der sich durch Anrösten noch verstärkt. Geröstete Körner eignen sich hervorragend für Süßspeisen, Salate und Müsli. „Wer Buchweizengerichte nicht kennt, sollte zuerst Buchweizenpfannkuchen (süßlich oder herzhaft) probieren."[112] Im Handel ist geschälter Buchweizen in verschiedenen Variationen anzutreffen: als ganzes Korn für Risotto und Aufläufe, als Grieß für Grütze, Klöße, Aufläufe und Suppen, als Flocken für Muslis und Desserts, als Mehl für Kuchen, Soßen, Pfannkuchen und Nudeln. Das wohl bekannteste Buchweizengericht sind die Blinis, die insbesondere in Russland und den Balkanländern verzehrt werden. „In der österreichischen Steiermark ist der Heidensterz als kräftig schmeckender Schmarrn beliebt."[113] Auch amerikanische Pancakes bestehen oft aus Buchweizenmehl.

Insgesamt gibt es ca. 56 Amaranth-Produkte, die in Deutschland erhältlich sind. Die Produktreichweite des nussig-süßen Scheingetreides erstreckt sich von Mehl, Brot, Knäckebrot über Waffeln, Kekse, Salzstangen bis hin zu Nudeln, Schokolade, Leberkäse und Edelbrand. Für Amaranth-Samenkörner lassen sich insgesamt sechs Anbieter verzeichnen.[114] Körner-Amaranth wird als Brei oder Kuchen mit Honig oder Sirup zubereitet. Meistens werden Amaranth-Körner in Mischungen mit Frühstückscerealien verwendet, seltener in der Konfekt-Herstellung. Sehr beliebt ist Amaranth in gepoppter Form. Weniger bekannt ist, dass die zarten Amaranth-Blätter für Salat, die größeren als Gemüse – ähnlich Spinat oder Mangold – verwendet werden können.

Quinoa-Körner sind in nur 15 Minuten gar, zeichnen sich durch eine leicht knackige Konsistenz und einen feinen Geschmack aus. Quinoa lässt sich am einfachsten als Beilage, z.B. im Salat, verwenden. Es lässt sich jedoch auch keimen und poppen (Popkornersatz). Geröstete Samen verleihen salzigen, aber auch süßen, Speisen das gewisse Extra. Weitere kulinarische Einsatzmöglichkeiten sind Aufläufe, Klöße, Bratlinge, Pfannkuchen und Fladen.[115]

---

[112] http://www.dr-siedentopp.de/_zeitschrift/DZA_Buchweizen.pdf, S. 54, letzter Zugriff: 17.06.2011.
[113] Ebenda.
[114] Vgl. http://www.el-pan-alegre.org/Amaranth-Projekt_GENRES.pdf, S. 3, letzter Zugriff: 17.06.2011.
[115] Vgl. http://aromatherapie.coolfreepages.com/Beschreibungen/nahrung/produkte/quinoa.htm, letzter Zugriff: 18.06.2011.

Bananenmehl findet vor allem Einsatz als Verdickungsmittel oder Zugabe für Babynahrung. Bei Backwaren kann das Mehl bis zu 50% durch Bananenmehl ersetzt werden, bei Grieß kann die Stärke durch das Bananenmehl zu 100% ersetzt werden. Der Geschmack von Bananenmehl ist alles andere als „bananig". Es schmeckt eher neutral.

Normalerweise hat man die Getreidealternativen zum Weizen oder Roggen in bestimmten Mengen beigemischt um das Brot ernährungsphysiologisch aufzuwerten. Da dies für Zöliakie-Betroffene nicht in Frage kommt, muss man eben aus den Mehlalternativen die Backwaren herstellen. Dies gestaltet sich allerdings mitunter schwierig, da Gluten – zuständig für das Gashaltevermögen und die Volumenbildung – wegfällt. Daher muss man im qualitativen Bereich einige Abstriche machen. Eine Studie über die neueste Entwicklung in der Herstellung von glutenfreiem Brot stellte Sophie Hager vom University College Cork in Irland vor. Es wurden 100 Brote aus 15 Ländern gekauft und untersucht. Das Ergebnis ist erschreckend: Alle Brote waren trocken und krümelig, wiesen einen schlechten Geschmack und eine mangelnde Nährstoffzusammensetzung auf. Zudem wurden sie schnell alt und waren beim Einkauf sehr teuer. Ein umfangreiches F&E-Programm wurde – basierend auf diesen Ergebnissen – gestartet, um die Qualität zu steigern. Als Beispiel seien die Arbeiten genannt, die sich mit der Verbesserung der Textur und der längeren Haltbarkeit mittels Exopolysacchariden beschäftigen. Die Exopolysaccharide sind von gewissen Bakterien produzierte Polysaccharide. Mittels dieser Polysaccharide konnte man als Resultat ein höheres Volumen und eine weichere Krume beobachten. Durch Zugabe von bestimmten Enzymen lässt sich die Ausbildung der Proteinnetzwerke verbessern. Durch Kombination verschiedenster Rohstoffe konnten Mehlmischungen hergestellt werden, die Eigenschaften von Roggenmehl besitzen. Somit können diese Mehle mit Hilfe von Sauerteigführungen eingesetzt werden und zur Erhöhung der glutenfreien Backwaren beitragen.[116]

---

[116] Vgl. DLG e.V.: Glutenfrei durch den Alltag. Neue Technologien bieten Zöliakie-Kranken mehr Auswahl an Lebensmitteln; In: Lebensmittel Technik, 6/2011, 43. Jahrgang, S.11.

Zöliakie ist eine jahrtausende alte, aber doch sehr unerforschte Autoimmunerkrankung mit langer Tragweite. Beziehungsweise deren Tragweite/Komplexität wir erst seit kurzem seit einigen Jahrzehnten zu erahnen meinen/wissen. Trotz vieler ungeklärter Einzelheiten der Pathogenität von der Zöliakie, kann man zumindest so viel sagen, dass die Zöliakie mit der Aufnahme der verschiedensten Proteinfraktionen beginnt. Im Dünndarm wird das Gliadin dann als Antigen an HLA-Moleküle gebunden. T-Zellen entscheiden ob diese Verbindung von Antigen und HLA-Molekül bekämpft werden muss oder nicht. Wird eine Immunreaktion ausgelöst, produzieren die T-Zellen sogenannte Zytokine, die wiederum eine Entzündung als erste Abwehrreaktion hervorrufen. Im weiteren Verlauf werden weitere Antikörper gebildet, die das Dünndarmgewebe und –zotten mit der Zeit schädigen. Dies führt zu einer erschwerten Nährstoff-Aufnahme beim Betroffenen. Ob man nun an Zöliakie erkrankt ist lässt sich nicht so einfach sagen. Ein Großteil der Symptome sind auch bei der Magen-Darm-Erkrankung festzustellen. Mittlerweile werden bis zu sieben Arten von Zöliakie unterschieden, wobei sich der Hauptanteil in der silenten, der oligosymptomatischen, der atypischen und der refraktären Zöliakie zu finden ist. Im Allgemeinen gilt auch für diese Erkrankung: Je früher die Diagnose, desto eher lassen sich Folgeschäden vermeiden.

Die Nahrung die Betroffene zu sich nehmen, muss nach dem Ausschluss-Prinzip erfolgen. D.h. Nahrungsmittel die hauptsächlich aus Roggen, Weizen oder Gerste bestehen sind tabu. Daher bleiben nur die Alternativen Getreidearten und die daraus hergestellten Produkte. Doch auch die Lebensmittelindustrie hat es in dem Bereich nicht leicht. Durch mehrfach benutzte Anlagen und die dadurch entstehende Möglichkeit einer Kreuzkontamination steigt die Gefahr die Höchstgrenze zu überschreiten. Um dies zu verhindern, bleibt nur die Anschaffung von Anlagen, die nur für die Herstellung von glutenfreien Produkten gedacht ist.

Zum Abschluss sei gesagt: Durch die steigende Betroffenenzahlen und ein langes Symptomenregister wird sowohl die Medizin als auch die Lebensmittelindustrie vor neue Herausforderungen gestellt.

Arnim, Ulrike von: Sprue/Zöliakie und Malabsorption;
http://www.vdoe.de/fileadmin/redaktion/download/jahrestagung/2010/vortraege/freitag/s3_08
30_v-armin.pdf, S. 1-29, letzter Zugriff: 11.06.2011.

Baas, Stephanie/Pasternack, Ralf u.a.: Die Transglutaminase; In: DZG Aktuell; 3/2009, o. Jg.,
S. 33-34.

Brunner, Daniela/Spalinger, Johannes: Zöliakie im Kindesalter; In: Paediatrica, 3/2005, 16.
Jahrgang, S. 34-37.

Der Wissenschaftliche Beirat der Deutschen Zöliakie Gesellschaft e.V.: Hafer in der
glutenfreien Ernährung; 110504stellungnahme_hafer_endfassung_1.pdf, S. 1, letzter Zugriff:
16.06.2011.

Dieterich, Walburga/Schuppan, Detlef: Zöliakie; In: Gastroenterologie up2date, 6/2010, o.Jg.,
S. 97-112.

DLG e.V.: Glutenfrei durch den Alltag. Neue Technologien bieten Zöliakie-Kranken mehr
Auswahl an Lebensmitteln; In: Lebensmittel Technik, 6/2011, 43. Jahrgang, S. 10-11.

Groot, Hilka de: Ernährungswissenschaft. Ernährungslehre; Haan-Gruiten: Europa-Lehrmittel
2001.

Hanson, Frederic M.: The low blood sugar curve of Sprue;
http://www.ncbi.nlm.nih.gov/pmc/articles/PMC2242126/pdf/tacca00018-0141.pdf, S. 76-84,
letzter Zugriff: 14.06.2011.

http://www.allergico.net/berichte/lebensmittel/teff-mehl-teffmehl/, letzter Zugriff:
17.06.2011.

http://aromatherapie.coolfreepages.com/Beschreibungen/nahrung/produkte/quinoa.htm, letzter Zugriff: 18.06.2011.

http://www.dr-siedentopp.de/_zeitschrift/DZA_Buchweizen.pdf, letzter Zugriff: 17.06.2011.

http://www.dzg-online.de/grad-der-behinderung.56.0.html, letzter Zugriff: 15.06.2011.

http://www.el-pan-alegre.org/Amaranth-Projekt_GENRES.pdf, letzter Zugriff: 17.06.2011.

http://www.gesundheit.de/ernaehrung/lebensmittel/getreide/buchweizen-quinoa-und-amaranth-urgetreide-aus-der-ferne, letzter Zugriff: 17.06.2011.

http://www.glutenfreiessen.ch/glufrei_verbreitung.html, letzter Zugriff: 08.06.2011.

http://www.hensle.de/Tropische_Fruchte/botanik2.htm, letzter Zugriff: 18.06.2011.

http://www.kinder.de/Zoeliakie-wenn-Getreide-krank-macht.338.0.html, letzter Zugriff: 06.06.2011.

http://lexikon.huettenhilfe.de/getreide/amaranth.html, letzter Zugriff: 17.06.2011.

http://www.lifeline.de/special/lebensmittel/getreide_brot/content-129793.html, letzter Zugriff: 17.06.2011.

http://www.mercur.org/?p06395&l=0, letzter Zugriff 17.06.2011.

http://www.rosenfluh.ch/rosenfluh/articles/download/936/Kochbananen.pdf, letzter Zugriff: 14.06.2011.

http://www.spiegel.de/wissenschaft/mensch/a-86920.html, letzter Zugriff: 17.06.2011.

http://www.terfloth-stiftung.de/home.php?f=1&lang=de&site=Produkte-A-Z&oid=400, letzter Zugriff: 18.06.2011.

http://www.weiterbildung.uzh.ch/programme/ethnobot/Abschlussarbeiten/HeinigerAbschluss arbeitFinalKl.pdf, letzter Zugriff: 14.06.2011.

http://www.zoeliakie-treff.de/zoeliakie/index.php?i=pages&mode=haeufigkeit-zoeliakie, letzter Zugriff: 07.06.2011.

http://www.zoeliakie-treff.de/zoeliakie/index.php?i=pages&mode=vererbung-zoeliakie, letzter Zugriff: 07.06.2011.

http://www.zoeliakie-treff.de/zoeliakie/index.php?i=pages&mode=zoeliakie-infos, letzter Zugriff: 06.06.2011.

Kirsch, Burghard/Odenthal, Alois: Fachkunde Müllereitechnologie – Werkstoffkunde . Ein Lehrbuch über die Zusammensetzung, Untersuchung, Bewertung und Verwendung von Getreide und Getreideprodukten; Bayerischer Müllerbund: München 1999.

Klingler, Rudolf Wolfgang: Grundlagen der Getreidetechnologie; Hamburg: Behr´s 1995.

Laaß, Martin: Wenn Getreide krank macht; In: Ärztliche Praxis Pädiatrie; 4/2010, 14. Jahrgang, S. 20-25.

Oberhammer, Verena: Der Nachweis von Endomysium- und Transglutaminase-Antikörpern in der Diagnostik der Zöliakie; Dissertation, Tübingen 2005.

Pohl, Kerstin: Zöliakie. Wenn Getreide krank macht; http://www.pharmazeutische-zeitung.de/index.php?id=32739; letzter Zugriff: 12.06.2011.

Schultz, Michael: Zöliakie – häufiger als bisher angenommen; In: Aesku. Science, 2/2005, 5. Jahrgang, S. 3-9.

Seibel, Wilfried (Hrsg.): Warenkunde Getreide. Inhaltsstoffe, Analytik, Reinigung, Trocknung, Lagerung, Vermarktung, Verarbeitung; Bergen/Dumme: Agrimedia 2005.

Seibel, Wilfried/Steller, Werner (Hrsg.): Spelz- und Schälgetreide; Hamburg: Behr´s 1993.

Täufel/Ternes/Tunger/Zobel: Lebensmittel-Lexikon A-K; Hamburg: Behr´s 1993.

Täufel/Ternes/Tunger/Zobel: Lebensmittel-Lexikon L-Z; Hamburg: Behr´s 1993.